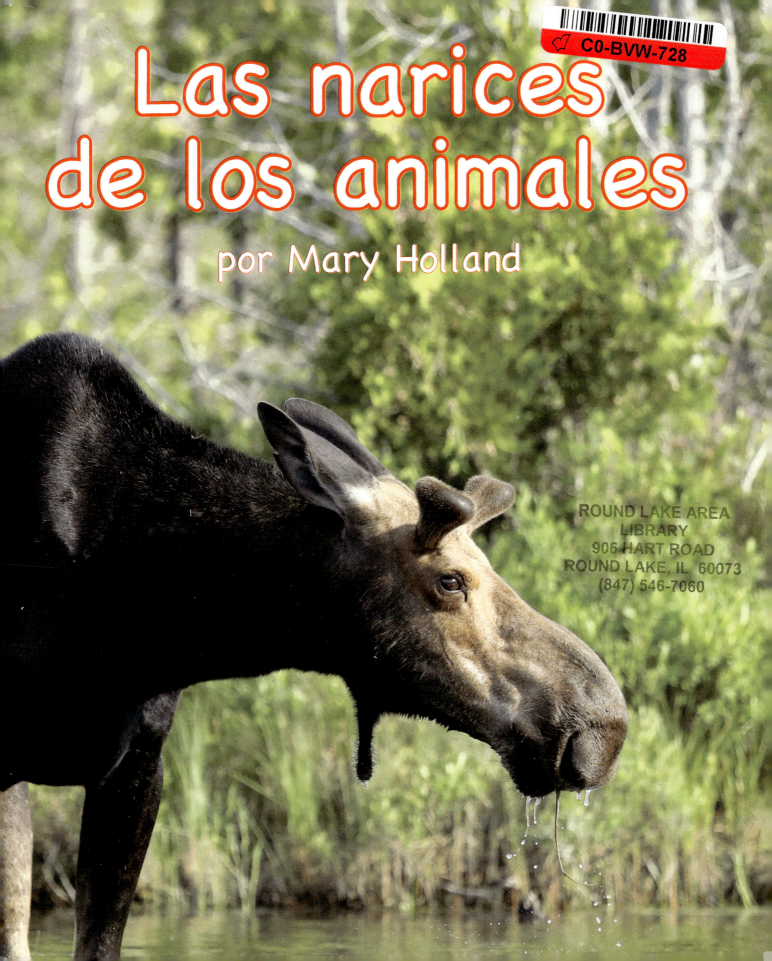

Las narices de los animales

por Mary Holland

Las narices vienen en todo tipo de formas y tamaños. Algunas son puntiagudas, otras planas. Algunas son pequeñitas y otras enormes. Algunas son húmedas y otras secas.

La mayoría de las narices ayudan a los animales a hacer dos cosas: respirar y olfatear. Muchos animales, como esta musaraña, utilizan su sentido del olfato para encontrar comida, una pareja o saber cuándo hay peligro cerca.

Los pájaros no tienen una "nariz" verdadera, pero tienen dos agujeros, o fosas nasales, que están justo sobre sus picos. ¿Puedes encontrar las fosas nasales en esta joven águila calva? La mayoría de las aves respiran a través de sus fosas nasales. Algunos pájaros pueden oler muy bien, mientras que otros no tanto.

Muchos animales se dejan mensajes frotando su esencia en un árbol o en una roca, o haciendo pipí o caca en un lugar especial. La esencia de un animal contiene mucha información.

Cuando otro animal del mismo tipo se acerca, utiliza su nariz para oler la esencia y descubrir quién vive ahí, cuántos años tiene, si es grande y fuerte, o si está buscando pareja, y mucho más.

Los osos dependen de sus narices para encontrar una pareja y buena comida. Frotan sus espaldas con los árboles para dejar su aroma de forma que otros osos puedan olerlos y saber quién ha estado ahí. Los osos negros pueden olfatear la comida a muchas millas de distancia. Los osos pardos pueden encontrar la comida debajo del agua y los osos polares pueden oler a una foca a través de tres pies (un metro) de hielo.

Las zarigüeyas no pueden ver u oír muy bien, pero pueden oler la comida desde muy lejos. Las zarigüeyas no son muy quisquillosas con su comida. Utilizan su nariz para encontrar insectos, gusanos, serpientes, ranas, pájaros, huevos de pájaros, frutas y ratones. Incluso la basura les huele bien a las zarigüeyas.

Los venados de cola blanca utilizan sus narices para encontrar comida y para oler a los depredadores que pueden querer comérselos. Una de las razones por las que los venados tienen tan buen sentido del olfato es que mantienen sus narices húmedas al lamérselas constantemente. Los aromas se pegan a las narices húmedas mejor que a las secas.

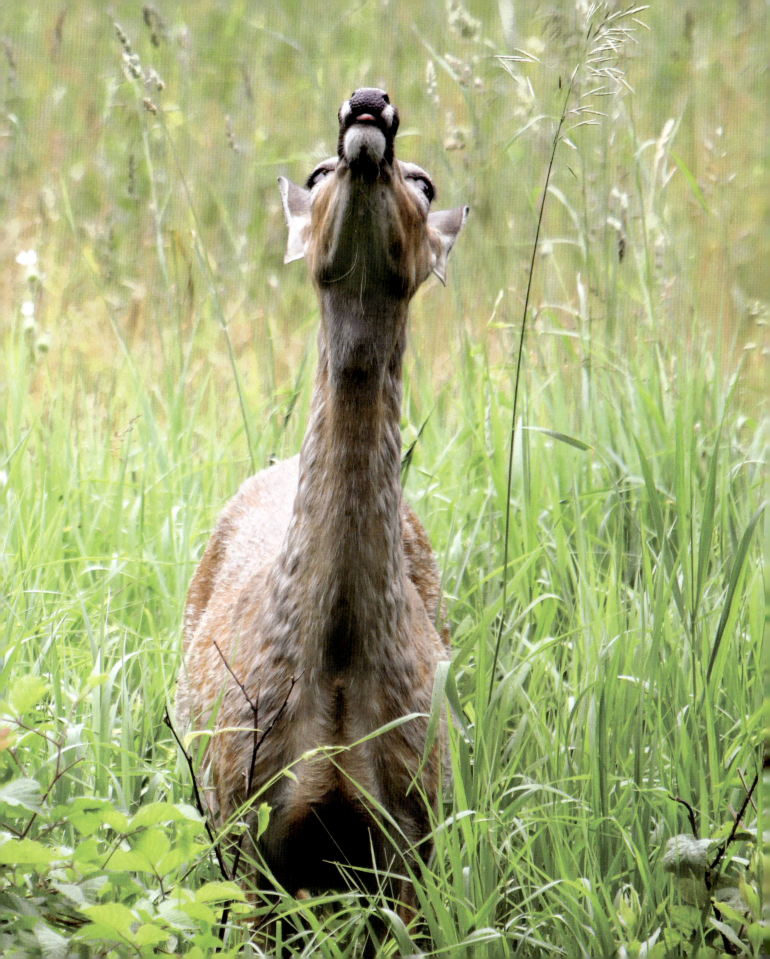

Los insectos realmente no tienen narices. Respiran a través de pequeños agujeros (llamados espiráculos) en su cuerpo y olfatean con sus antenas. Las polillas macho utilizan sus grandes y plumosas antenas para encontrar a las polillas hembra que a veces pueden estar muy lejos.

La mayoría de las serpientes pueden oler mejor de lo que pueden ver o escuchar, pero no lo hacen con sus narices, en lugar de eso utilizan sus lenguas y bocas. Cuando veas a una serpiente sacando y metiendo su lengua bífida de la boca, está oliendo algo.

La serpiente recolecta pequeñas partículas con su lengua y después la coloca en dos bolsillos en la parte superior de su boca (el órgano de Jacobson). Entonces sabe qué ha recolectado con su lengua.

Las tortugas pueden oler cuando están en la tierra y también cuando están bajo el agua. Al igual que las serpientes, algunas tortugas tienen un órgano de Jacobson que utilizan para oler.

Las ranas utilizan sus narices y su sentido del olfato para encontrar pareja, presas y para mantenerse alejadas de los depredadores, y para hallar su camino a casa.

Las ranas respiran a través de sus narices, pero también lo hacen a través de su piel y la parte interior de su boca. Para poder respirar a través de su piel, las ranas deben mantener su piel húmeda.

Algunos animales tienen narices muy especiales. Los castores tienen solapas, o válvulas, en su nariz que actúan como pinzas de nariz. Cuando se sumergen bajo el agua, las solapas se cierran, manteniendo el agua fuera de la nariz y permitiéndoles hundirse más y mantenerse bajo el agua durante más tiempo.

Los topos de nariz estrellada obtienen su nombre por la forma de su nariz. ¿Te parece que se ve como una estrella?

Los topos pasan mucho tiempo en túneles bajo la tierra, en los que está muy oscuro y es muy difícil ver. Utilizan sus 22 pequeñas antenas en la punta de su nariz para encontrar gusanos y otros alimentos.

Cuando un topo de nariz estrellada está buscando comida, todas las pequeñas antenas en su nariz se mueven muy rápido. ¿Puedes agitar tu nariz tan rápido como un topo de nariz estrellada?

¿Qué es lo mejor que tu
nariz ha olido?

Para las mentes creativas

Sentido del olfato

Todo en el mundo está hecho de químicos. Mientras se mueve el aire, recoge pequeñas piezas de todo lo que toca. Entonces lleva estos químicos a tu nariz. En la parte posterior de tu nariz hay un trozo especial de piel lleno de quimiorreceptores, también conocidos como receptores olfatorios. En los adultos, esta área tiene el tamaño de una estampilla postal.

> quimio: químico
>
> receptor: un lugar que recibe algo
>
> Un quimiorreceptor es un lugar que recibe químicos.

Cuando respiras a través de tu nariz, el aire se mueve a través de tu nariz y hacia tus pulmones. Los químicos que son transportados por el viento tocan los quimiorreceptores en la parte posterior de tu nariz.

Los quimiorreceptores envían señales a tu cerebro para que sepas qué estás oliendo. La mayoría de las personas pueden percibir al menos un billón de aromas diferentes. En general, las mujeres son más sensibles a los olores que los hombres.

Hecho curioso: ¡probablemente nunca tendrás un mejor sentido del olfato que cuando tenías 8 años!

Aromas

Cuando tienes la nariz congestionada probablemente no puedes oler muy bien, ¡ni tampoco saborear muy bien! El ochenta por ciento de nuestro gusto está relacionado con el olor, cuando un resfriado causa una obstrucción nasal, no solamente evita que huelas bien, tampoco podrás saborear bien las cosas.

Algunas enfermedades pueden cambiar la forma en que hueles. Determinados olores pueden ser más difíciles de percibir, o pueden oler más fuerte.

Hechos curiosos

Los sabuesos tienen narices entre diez y cien millones de veces más sensibles que los humanos.

Los osos tienen un sentido del olfato siete veces más fuerte que el de los sabuesos.

Muchos peces tienen un sentido del olfato muy desarrollado.

Los albatros pueden encontrar comida a 12 millas (19 kilómetros) de distancia solo por el olor.

Se ha demostrado que las palomas mensajeras utilizan su sentido del olfato para encontrar su camino a casa más fácil y directamente.

Los buitres comen principalmente cuerpos de animales en descomposición que encuentran utilizando su sentido del olfato.

Las personas pueden detectar al menos un billón de aromas diferentes.

Nuestras narices pueden saborear tanto como oler. Las papilas gustativas en nuestras lenguas pueden distinguir solamente cinco tipos de sabor: dulce, ácido, amargo, salado y umami. Todos los demás "sabores" son detectados con nuestra nariz.

oso negro

Buitre

Empareja la nariz

Empareja cada animal con su nariz:

zorrillo

Zorro colorado

Ardilla del este

Topo de nariz estrellada

A

B

C

D

Animales con un muy buen sentido del olfato

¿Puedes adivinar cuál de estos animales tienen un buen sentido del olfato?

tiburón

topo de cola peluda

polilla lunar

perro

albatros

Respuesta: ¡todos ellos!

Todas las fotografías fueron tomadas por Mary Holland, una fotógrafa de naturaleza, a excepción de la foto de orina en la nieve (Susan Holland) y las siguientes fotos de la sección Para mentes creativas: tiburón (Shutterstock 77472286), perro (Donna German), albatros (Lieutenant Elizabeth Crapo, NOAA Corps).

Gracias a Tia Pinney, naturalista en el Santuario de Vida Salvaje Drumlin Farm en Mass Audubon en Lincoln, MA, por verificar la precisión de la información en este libro.

Library of Congress Cataloging-in-Publication Data

Names: Holland, Mary, 1946- author.
Title: Las narices de los animales / por Mary Holland.
Other titles: Animal noses. Spanish
Description: Mt. Pleasant, SC : Arbordale Publishing, LLC, [2019] | Series: Animal anatomy and adaptations | Audience: Ages 5-9. | Audience: Grades K-3. | "Translated by Alejandra de la Torre with Rosalyna Toth and Federico Kaiser." | Includes bibliographical references.
Identifiers: LCCN 2018051711 (print) | LCCN 2018051807 (ebook) | ISBN 9781607188094 (PDF ebook) | ISBN 9781643513126 (ePub3 with audio) | ISBN 9781607188117 (Spanish read aloud interactive) | ISBN 9781607188070
   (spanish paperback)
Classification: LCC QL947 (ebook) | LCC QL947 .H6518 2019 (print) | DDC
   599.14/4--dc23
LC record available at https://lccn.loc.gov/2018051711

Frases clave: adaptaciones animales

Los animales en este libro incluyen al mapache (portada), alce (primera página), musaraña, águila calva joven, zorro colorado, oso negro, zarigüeya, venado de cola blanca, polilla Polifemo, serpiente rayada, tortuga mordedora, rana, castor, topo de nariz estrellada, niño (Otis Brown), puercoespín (derechos de autor).

Bibliografía:

JG-Park Ranger. *Bear Series: Part One A Bear's Sense of Smell.* Yosemite National Park, 1 de octubre, 2014. Internet. Agosto, 2018.
Hickman, Pamela M. *Animal senses.* Toronto, Kids Can, 2015.
Holland, Mary. *Naturally Curious: A Photographic Field Guide and Month-By-Month Journey Through the Fields, Woods, and Marshes of New England.* North Pomfret, VT: Trafalgar Square Books, 2010.
Sensory World of Aquatic Organisms, The. Marietta College, 24 de enero, 2002. Internet. Agosto, 2018.

Elaborado en los EE.UU.
Este producto se ajusta al CPSIA 2008

Arbordale Publishing
Mt. Pleasant, SC 29464
www.ArbordalePublishing.com